中国学生培优Q计划

彩图版

教会孩子辨别是非

主编 张新欣

天津出版传媒集团
天津科学技术出版社

编者的话

《中国学生培优Q计划》丛书基于不同年龄阶段学生的特点,结合国内外学生成长最新研究结果,分别从IQ(智商)、EQ(情商)、MQ(德商)、AQ(逆商)、SQ(灵商)和CQ(创商)六个方面,以故事的形式有计划地编排,旨在让学生通过阅读,潜移默化地提高"6Q",从而得到全面发展。

丛书共六册,每册独立成书,又与其他各册有机相连。内容丰富生动、简洁易懂,配图精当贴切、趣味盎然。丛书遵循循序渐进的原则,每天一个故事,每天一点熏陶,可以在很大程度上提高学生的阅读兴趣。

《IQ——教会孩子辨别是非》侧重引导学生感受善恶、分清美丑、辨明是非,教会学生认识什么是真善美。

《EQ——帮助孩子与人交往》以培养学生的情商为基本目标,使学生通过轻松愉悦的

阅读，学会与人交往的基本道理。

《MQ——培养孩子美好品德》从不同角度展现并赞扬了诚实、勇敢、善良、自信、坚强等众多优秀品质，培养学生良好的道德品质和行为习惯。

《AQ——激励孩子勤勉上进》帮助学生轻松获取战胜困难、挫折的信心和勇气，逐步锻炼出顽强的心理承受能力。

《SQ——满足孩子好奇心理》以发展学生丰富的想象力为主要目标，使学生通过阅读和思索，获得基本的分析现象、灵活处理问题的能力。

《CQ——激发孩子思维潜能》以启迪学生的智慧为主，让学生在成长的过程中，运用智慧战胜困难、解决问题。

在丛书的编撰过程中，我们诚邀教育专家精心编排了"启迪"栏目。"启迪"从不同的角度，以读者的视角写成，帮助学生在轻松的阅读中得到有益的启迪。

我们深信：青少年朋友一定会对这套图文并茂的精美图书爱不释手，同时，他们的人生羽翼一定会在这些经典的故事中渐渐丰满！

目录

教会孩子辨别是非

6	摇摇走路	44	母鸡和狐狸
8	狡猾的"乡下亲戚"	47	狐狸建筑师
11	挂在脖子上的钥匙	50	狼、马和狐狸
14	小黑流浪记	53	狼、狮子和狐狸
17	皇帝的新装	56	狼和杜鹃
22	小红帽	59	狼和猫
26	狐狸与山羊	62	老鹰和猫头鹰
29	蛇和蟹	66	仁慈的狐狸
32	猴子学样	69	鱼鹰
35	狐狸与乌鸦	72	云朵变的小羊
38	小马过河	75	虎猫对饮
41	抬着驴的父子	78	狼落狗舍

81	没有牙齿的大老虎	120	狐假虎威
84	一颗核桃和一座钟楼	123	兔子和狐狸
89	十一只猫	126	自食其力
92	橡树的使命	128	孔雀惜尾
95	心中的顽石	131	乱爬的螃蟹
98	空瓶子	134	爱美的小公鸡
101	狐狸分肉	138	豆豆兵去打仗
104	农夫与蛇	141	青菜熊和萝卜熊
107	猫和公鸡		
110	合伙种地		
114	鱼儿脱险		
117	两条小鱼		

摇摇走路

摇摇是谁呢?摇摇是一只小鸭子。她才生下来不久,刚学会走路。她走路摇摇摆摆的,所以,大伙儿叫她摇摇。

摇摇的走路是和笑声连在一起的。她每走一步,大家都会在后面笑话她。她的姿势是如此奇怪,如此笨拙。摇摇很苦恼。怎么办呢?"那就躲在家里别出来丢人现眼吧。可是,那样会让人笑话一辈子的。"摇摇想。

摇摇开始不怕别人笑话了。她每天在没人的地方练习走路,尽可能使自己走路摇得有规律些,摇得好看一点。

后来她发现,如果自己昂首挺胸、旁若无人地阔步前进,就会有一种特殊的风度,这是鸭子独有的风度。她就这样慢慢地改进着自己的走路方式。

有一天,她又来到热闹的地方。一只小老鼠像发现了什么一样说:"瞧,多么神气的小鸭子!"

"是啊,她走得真好看!"小猪也说。

大家开始用赞赏而不是用嘲笑的眼光来看小鸭子摇摇走路了。

后来,动物界盛行的一种时尚的"摇摇步"走法,就是模仿小鸭子摇摇的。

启迪

当你发现自己有些地方跟其他小伙伴不一样时,你有没有认为是自己不好呢?有没有因此而感到懊恼呢?其实,大众化的不一定是优秀的,你应该向摇摇学习,勇敢地发掘自己的特点,这样,才能赢得众人的羡慕!

狡猾的"乡下亲戚"

假期里,爸爸妈妈都上班去了,只剩下孙明一个人在家。爸爸妈妈不放心,总是叮嘱他,不要让陌生人进来,会有坏人来偷东西、拐骗小孩的。孙明有些害怕,他把门关得紧紧的,自己也不轻易出去。

一连几天,平安无事。这一天,门铃响了。孙明大声问:"谁?"门外传来陌生人的声音:"你爸爸妈妈在家吗?""不在,你是谁?""我是你们的乡下亲戚,带了点儿土特产给你们。"怎么来了乡下亲戚?不能轻易相信。孙明想了想,又问:"你知道我爸爸叫什么名字

教会孩子辨别是非

吗?""哦……叫……叫……"陌生人不知道。孙明感觉陌生人不像好人,就再也没有理他,陌生人走了。后来,孙明给爸爸打电话,爸爸说他没有乡下亲戚,他连声夸儿子做得对,没有把坏人放进来。孙明很高兴。

过了一会儿,管公用电话的李阿婆在外面喊:"十八号孙家,长途电话!"孙明就去听电话。这时,那个冒充乡下亲戚的家

伙趁机撬开了孙明家的门。他刚才记下了孙家的门牌号,用偷来的手机打到公用电话找孙明。这家伙一边在房间里找值钱

的东西,一边用肩膀夹着手机和孙明说话:"我是你爸爸的亲戚,我们这里有个专门拐骗小孩的坏人到你那儿去了,你千万不要开门!"孙明得意地把刚才发生的事情说了一遍,对方夸他太了不起了……他们在电话里高兴地聊着,结果小偷安全撤出,满载而去。

启迪

　　小朋友,你看到了吗?小偷不但心眼坏,而且十分狡猾,所以,我们要多观察,多动脑筋,善于识破他们的诡计,才不会被他们蒙骗。

挂在脖子上的钥匙

王佳家就三口人,一人带一把钥匙。妈妈怕王佳上学时把钥匙弄丢了或忘在家里,就帮他用细绳穿上,挂在脖子上。

这天早上,王佳起来晚了,急忙往学校赶。他还没走到学校,就在路上碰到了一个小伙子,是王

佳邻居的亲戚，那人很"热心"，拦住他说："你的红领巾没戴好，我帮你弄一弄吧。"

第二节课下课后，学校广播招领钥匙。王佳一摸胸前，钥匙不见了，于是赶紧去教导处认领，果然是自己的钥匙。他轻轻地舒了一口气，也就不再去想钥匙是怎么掉的了。

晚上，爸爸妈妈回来后，王佳想把钥匙失而复得的事说说，但又怕妈妈责怪自己，就忍住了没说。不一会儿，爸爸发现放在抽屉里的钱不见了，问王佳，王佳说不出个究竟来，于是，爸爸报了案。

公安局破案后，王佳怎么也

教会孩子辨别是非

没想到,偷钱的竟是那个"热心"的小伙子。他假装帮王佳整理红领巾,趁机拿走了钥匙。到王家行窃后,为了不被怀疑,他又悄悄地将钥匙交到了学校的教导处。

从此以后,爸爸妈妈就把钥匙放到了王佳的书包里,同时,告诉王佳以后要远离陌生人,学会保护自己。通过这件事,王佳再也不轻易和陌生人接触了,被盗的事情再也没发生过。

启迪

小朋友,你明白了吗?要把钥匙当"贵重物品"来保管。因为,盗贼偷盗的手段和花样特别多,我们不得不提防。这样做,既是为了保护自己,也是为了打击坏人,维护社会的文明和安宁。

小黑流浪记

期中考试结束了,贪玩的小黑语文成绩不及格。

放学后,小黑不敢回家,把书包放在同学家后,就悄悄乘车到市区姨妈家去,想请姨妈向爸爸求求情,原谅他。可是,小黑在市区迷路了,他找不到姨妈家,又没钱坐车回家,只好在市区四处游逛,希望在街上能碰上姨妈家的人。

夜色来临了,小黑什么也没吃,肚子饿极了。这时,一个叼着烟卷的青年走到小黑身边,悄悄地说:"喂,看你饿的……跟我们干怎么样?包你有吃有喝。"小黑问:"跟你们干啥?"那人两指一夹说:

教会孩子辨别是非

"偷!"小黑听了好害怕,拔腿就跑。

夜渐渐深了,街上没有几个行人了,小黑感到孤独、害怕,他睡在屋檐下,天气很冷,又没有被子盖,冻得缩成一团,直想哭。突然,两个大汉用脚踢小黑:"起来!"他们一边吼着,一边把小黑推着往前走。"去哪儿?"小黑问。"到时候就知道了,走!"小黑想:糟了,肯定是坏人。这时,刚好有辆警车开过来。小黑瞅个空儿朝警车猛跑。警察叔叔救了小

黑，并给小黑的妈妈打了电话。打完电话，警察叔叔严肃地说："旷课、夜不归宿属于不良行为。有不良行为的孩子就不是好孩子。你看多危险呀！"

很快，妈妈来接小黑了。警察叔叔对小黑说："回家后要听家长的话，好好儿学习，不能再私自出走和旷课，知道吗？"说完，送给小黑一本法律知识方面的书。小黑回家后，认真学习知识，成了一名好学生。

启迪

　　家是我们成长的摇篮，是温暖的天地，是爱的港湾。在家人的关爱和呵护下，我们在茁壮地成长着。所以，不管遇到开心的事情还是烦恼的事情，都要让家人知道，千万不能像小黑一样离家出走哦！

皇帝的新装

很久很久以前,有一位皇帝非常喜欢穿新衣服。每当有人问:"陛下呢?"仆人总是回答:"在更衣室里。"

一天,城里来了两个骗子,自称是纺织师。他们来到皇帝的面前说:"我们能织出世界上最美丽的衣料,它不但漂亮,而且还有一种奇特的功能:任何不称职或愚蠢得不可救药的人都看不见它。"皇帝听后非常高兴,给了他们好多钱,让他们尽快把这种

衣料织出来。几天后，举国上下都知道了这件奇怪的事，议论得沸沸扬扬。

日子一天一天过去了，皇帝非常想知道衣料的进展情况，可又害怕自己万一看不见，丢了面子，于是，就决定派一位德高望重的大臣先去了解一下情况。

大臣来到骗子的工作间，不禁大为惊讶："天哪，这是怎么回事，我竟然什么都看不见？"两个骗子假装在织布，并不停地指着空织布机向他介绍："尊敬的大人，您看这花纹多么奇特，颜色多么艳丽！"可怜的大臣瞪大了双眼，可还是什么都看不见，但他嘴里却不停地赞叹："真是再漂亮不过了，我回去一定禀告皇帝！"

大臣回来后，把并不存在的衣料大加赞扬了一番，皇帝高兴极了，心里盘算："趁衣料还在织布机上，我得亲自去看一下。"于是，他带着一群大臣，前呼后拥地来到织布机旁，只见两个骗子正满头大汗地忙碌着。见皇帝来了，两个骗子急忙说:"尊敬的陛下,这么漂亮的花纹,您一定非常喜欢吧?"皇帝惊讶地瞪大了眼睛,心想:上帝,我什么也看不见,难道我是不称职的吗?不行,决不能让任何人知道!但他还是说:"哦,非常漂亮,我太满意了!"跟他来的大臣们也都装样子仔细看了一番,赞叹道:"太美了,真是举世无双!"大臣们建议皇帝用这种新奇、美丽的衣料做成衣服,去参加将要举行的游行大典。皇帝爽快地答应了。

　　庆典前夜,两个骗子点起几十根蜡烛,拿着剪刀在空中剪来剪去,又用没有线的针一上一下装模作样地缝了一夜。

　　他们忙碌了一整夜,天一亮,两个骗子就托着并不存在的衣服来到皇宫,请皇帝穿上新衣服参加游行大典。

　　皇帝把身上的衣服脱光,两个骗子假装把衣服一件一件地为他穿上。为了证明自己对新衣服十分满意,皇帝还在镜子前不停地扭动着腰身,好像在欣赏他的新衣服。围观的人都不停地赞叹:"多么美丽的花纹,多么艳丽的色彩!"在一片赞叹声中,游行大典开始了,鼓乐齐鸣,皇帝在大

教会孩子辨别是非

臣们的簇拥下，走上了大街。

城中所有的百姓都出来观赏皇帝的新衣服，惊讶的同时也都赞不绝口。

突然，一个小孩儿大声喊道："真奇怪，皇帝身上什么都没穿啊！"小孩儿的话在人群中迅速传扬开了。最后，所有的人都议论起来："皇帝确实什么也没有穿！"

这时，光着身子的皇帝有点儿发抖，但他又不愿承认自己被愚弄的事实，于是，便装出更加高傲的样子把游行庆典进行完。

启迪

哈哈！真好笑！皇帝没穿衣服就上街。他和那些大臣们真是蠢透了！我们一定要做一个诚实、有主见的人，不论遇到什么情况，都要用自己的眼睛观察，用自己的头脑思考，千万不要盲目地听从别人的话。

小红帽

从前,有一个可爱的小姑娘,头上总是戴着一顶红色的小帽子,大家都叫她"小红帽"。

一天,小红帽的妈妈让她给生病的奶奶送些吃的,并嘱咐小红帽说:"路上不要贪玩,快去快回啊!"小红帽边答应边跑出了家门。

一路上,小红帽一会儿闻闻花香,一会儿又听听鸟鸣,突然,迎面走来了一只大灰狼,他问小红帽:"小姑娘,你要去哪儿?"

"狼先生,我要给生病的奶奶送东西吃!"

"你奶奶家住在哪儿啊?"

"森林的边上,三棵大橡树下面。"

狼盘算了一会儿,接着说:"小姑娘,在森林的深处

教会孩子辨别是非

有很多花，如果你摘些送给奶奶，她一定会很高兴的。"

小红帽觉得这个主意好极了，就转身向森林深处跑去。

狼见小红帽越跑越远，于是，撒腿赶到小红帽的奶奶家，假装是小红帽，骗开了奶奶家的门，张开血盆大口就把小红帽的奶奶给吞了下去。然后，大灰狼赶紧换上奶奶的衣服，躺在床上等着。

在森林深处，小红帽摘了一大把花，多得拿

不动了，这才向奶奶家跑去，推开门，看到奶奶躺在床上，帽子戴得很低，都快把脸给遮住了。

小红帽问："奶奶，您的耳朵怎么这样大？""耳朵大，才能听清你说话呀！""那您的眼睛怎么也这样大？""这样才看得见你来呀！""奶奶，您的嘴怎么也大得可怕？""嘴大好把你吞下去！"说完，狼跳下床把可爱的小红帽也吞进了肚子里。

狼吞了祖孙两个人后，感觉饱极了，心里很满足，就躺在床上睡着了。不一会儿就大声地打起鼾来。

这时，邻近的猎人刚好背着枪从这儿经过，发现了这只肚子撑得大大的狼。他连忙举起枪，刚要射击，忽然发

教会孩子辨别是非

现大灰狼的肚子里好像有什么东西在动,猎人心想:也许还来得及救出人来。于是,他赶紧放下枪,轻手轻脚地拿出一把剪刀,把熟睡的大灰狼的肚子剪开,没想到从里面竟跳出了小红帽。接着,奶奶也跟在小红帽的后面爬了出来。小红帽看到奶奶平安无事非常高兴。这时,猎人搬来了一块大石头,放进大灰狼的肚子里,又用线缝了起来。不一会儿,大灰狼睡醒了,看到猎人在屋中,吓得抬腿就逃。结果,因为肚子里的石头太重了,没走几步,就跌在地上死掉了。

启迪

小红帽不听妈妈的话,没有及时赶到奶奶家,才被狼骗了,真是不应该。所以,我们平日里一定要听从长辈的教导,学会识别真假,以防上当受骗哟!

狐狸与山羊

一只狐狸不小心跌落到水沟里去了,水沟很深,狐狸用尽各种方法都出不来。他正在发愁时,一只山羊来了。

山羊探头望着深水沟,看见了狐狸。

"狐狸先生,你怎么会在这里呢?莫非你是去喝水的?"

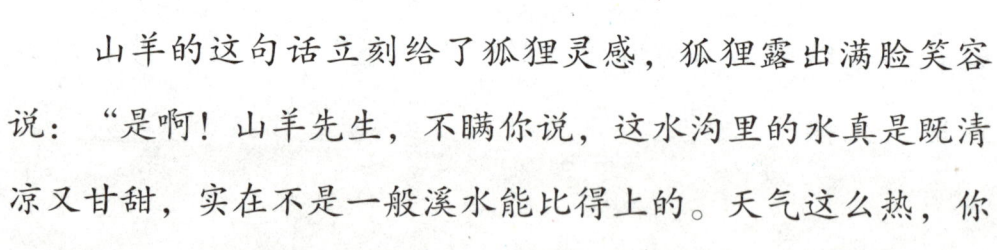

山羊的这句话立刻给了狐狸灵感,狐狸露出满脸笑容说:"是啊!山羊先生,不瞒你说,这水沟里的水真是既清凉又甘甜,实在不是一般溪水能比得上的。天气这么热,你要不要也下来喝一些呀?"

山羊的确正觉得口渴,狐狸那满脸的笑容和动人的话语立刻让他信以为真。

头脑简单的山羊迅速跃入深水沟里,准备好好儿喝个够。

等山羊喝得心满意足决定离开时,这才发现问题来了,自己根本出不去。

"哎呀!狐狸先生,我们出不去了,怎么办呢?"山羊急了。

"哦,你不说,我倒是没想到这个问题呢!不过,别担心,总会有办法的。"

狐狸假装想了一下,说道:"有了。我想到了一个好方法。不过,你我必须合作才行。你把前脚搭在沟壁上,让我搭在你的背上爬出去。等我出去以

后，再从沟边拉你上来，这不就解决了吗？你看这个方法如何，山羊先生？"

"这个方法真好，你实在是太聪明了。我们就这样做吧！"山羊说。

于是，山羊立刻照着狐狸所说的方法做，让狐狸顺利地爬出了深水沟。

但是，狐狸一出水沟，转身就要走，山羊急忙叫住他："狐狸先生，还有我呀！你不是答应拉我出去的吗？"

"山羊啊！如果你够聪明，在下这个深水沟之前，就应该先想清楚要如何离开才对。"说完，狐狸头也不回地走了。

启迪

故事里的这只山羊轻信了狐狸的谎言，结果被狐狸陷害了。看来，我们在做任何事情之前，都应该先谨慎考虑后果，切不可莽撞行事，以免将来后悔莫及。

蛇和蟹

沙滩边的一个洞穴里住着一条蛇和一只蟹。他们是在一个偶然的机会里住在一起的,日子不长,所以一切都还可以容忍。渐渐地,蟹发现蛇有一些让他难以理解的行为。比如,蛇正用嘴接近他的身体,把他吓出了一身冷汗。

"你这是干什么?"蟹问。"没什么,亲爱的,我真的很高兴和你住在一起!"

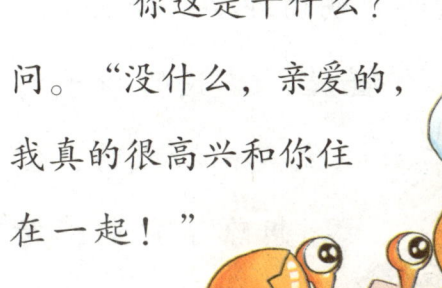

蛇继续用他的舌头舔着蟹的背。"我还以为你对我有什么企图……对不起。"蟹说。他为自己这样怀疑朋友感到很不好意思。

晚上，蟹特意多捉了几条小鱼带回来，让蛇吃。蟹觉得只有这样，才能从心里感到一点儿安慰。但是没过几天，蟹发现蛇用身体使劲儿地缠绕着他的一只钳子，好像要把它弄断。

蟹问道："你想干什么？"蛇说："没什么，我觉得只有这样才能与你亲近。"

蟹终于明白蛇要做什么了。

蟹说："我的钳子对你是一种威胁，你想除了它们，对吗？你真是阴险、邪恶！"

蛇却一如既往,还是用那种阴险的眼神望着蟹。蟹心里想:不能再这样下去了。终于有一天,蟹用钳子夹住了蛇的喉咙,把他掐死了。只见蛇伸直了身子,做出了一种很无力的样子。蟹说:"你不用装作很无力很善良的样子,我不杀你,迟早要被你所害。"

蛇将自己伪装成很善良的样子,但最终还是被聪明的蟹识破,并果断地采取了行动。小朋友们,我们应当像蟹一样仔细观察,并运用自己的聪明才智来揭穿坏人的伪装。

猴子学样

在非洲大草原上，生活着许多野生动物。在所有的动物当中，最聪明的要数猴子了。猴子擅长模仿，尤其喜欢模仿人的动作。

有一天，一大群猴子在树林里玩耍，在树上跳来跳去、又打又闹。突然，有一只猴子发现不远处有一个人，于是，马上招呼同伴一块儿来看。小猴子们安静下来，瞅着那个忙碌的人，窃窃私语：

"瞧瞧那人呀！他的本领可真不少！一会儿翻身，一会儿又滚又爬，一会儿又缩成一团，手和脚都看不出来了！他手中那个新鲜玩意儿是什么？来吧，亲爱的姐妹们，我们来模仿一下，试试如何？看样子，他大概要走了。我们马上就可以下去好好儿玩了。"

那人果然走了。他丢下刚才表演用的大网,好像并没有注意到网丢在了这里。

"嘿,快来吧!"猴子们嚷道,"别错过机会!看谁能在最短的时间内找到这东西的窍门。"猴子们打着筋斗翻进大网里,又跳又闹,还不时把某个猴子盖到大网下面。猴子们玩得多高兴啊!似乎忘了身边的一切,根本就没有意识到是否有危险。

猴子们要走的时候,却发现大事不好了。

大家的身子都被网捆住了,并且越捆越紧。猴子们在网中乱喊乱叫,却一点儿办法也没有。

猎人其实就守候在一旁,他见时机到了,便过来捉拿那些被套住的猴子。猴子们只好乖乖地投降,一个也没有逃掉。

启迪

有时,看似有趣的事情也许就是陷阱。猎人利用表演转移了猴子的注意力,猴子因学猎人的样子而中了猎人的计。我们可不能像猴子一样因贪玩而被坏人欺骗哟!

教会孩子辨别是非

狐狸与乌鸦

在一个小山村的上空,一只乌鸦盘旋了很长时间。他已经飞得很累了,但还没有找到可口的食物。乌鸦暗想:我再飞最后一次,如果还找不到食物,我就换个地方。

乌鸦飞到村长家门前,突然发现厨房窗台上放着一块肉。乌鸦乐坏了,心想:今天的晚餐真是太丰盛了,我可以回家好好儿享用一下了。他冲下去叼起那块肉飞走了。

路上,他停在一棵大树上休息,嘴里紧紧地咬着那块肉。这时,一只狐狸走到了树下。他抬头看到乌鸦口中的肥肉，馋得口水直流。怎么才能得到乌鸦嘴里的肉呢？狐狸眨了眨眼，想到了一个好主意。他对乌鸦说："美丽的乌鸦，你怎么还在这里玩儿呢？现在森林里正在举行超级歌手选拔赛呢。你不去参加，真是我们的损失，我们都盼着倾听你优美的歌声呢。"乌鸦从没听说有什么超级歌手选拔赛，本想问个究竟，可他嘴里叼着肉，发不出声音来。

狐狸看乌鸦有询问的意思，就夸道："你的嗓音那么优美，你的歌声那么嘹亮，你要是去参加比赛，肯定能得

教会孩子辨别是非

第一名。"乌鸦听着狐狸对他的夸奖,乐得心花怒放,忍不住张开嘴叫了几声。他早忘了嘴里还有一块肉,刚一张嘴,肉便落到地上,被狐狸叼走了。

狐狸得意地看着乌鸦说:"你的声音很好听,可惜脑子不好用。"看着远去的狐狸,乌鸦懊悔不已。

启迪

奉承与赞美的不同在于,前者往往是与实际情况不完全相符的。乌鸦听信了狐狸的奉承,结果丢了嘴里的肉。在生活中也是一样,爱听奉承话是很容易上当受骗的。

小马过河

从前,有一匹小马,他每天都跟着妈妈,从来没有离开过妈妈的身边。一天,妈妈对小马说:"宝宝,你已经是大孩子了,能帮妈妈做点事吗?"

小马点了点头说:"怎么不能呢?我可喜欢做事啦!"妈妈听了,高兴地说:"宝宝真是好孩子,你把这袋麦子背到磨坊里去吧。"说着,妈妈就把一袋麦子放在了小马的背上。小马试了试,觉得一点儿也不重,就高兴地上路了。

在去磨坊的路上,要经过一条小河。来到小河边,小马不敢往前走了。"哪里的水比较浅呢?"小马站在那里,迟疑着不敢下水。这时,牛大叔正在河边吃草,他看到小马为难的样子,就说:"孩子,没事的,河水只有你的膝盖深，你能过去的。"小马听后，就准备过河。

突然，从树上传来一个焦急的声音："小马，千万不要下去！"小马抬头一看，原来是小松鼠。小松鼠在树上朝小马招手说："这里的水深极了，前几天我的一个朋友就是在这条河里淹死的。"小马听了小松鼠的话，不知道该怎么办了。牛大叔说水很浅，小松鼠说水很深，到底应该听谁的呢？

小马没了主意，只好跑回家去问妈妈："我该怎么做呢？"妈妈听了小马的话，摸着他的脑袋说："孩子，水的深浅不能光听周围人说，你亲自试一下就知道了。如果不试，怎么知道自己能不能过去呢？"

听了妈妈的话，小马又回到小河边，亲自试了试，原来，河水既不像牛大叔说的那么浅，也不像松鼠说的那么深。最后，小马顺利地完成了妈妈交给他的任务。

启迪

小马的经历告诉我们，别人的经验和建议不一定适合你，只有亲自尝试了才会知道其中的道理。像故事中的小马，开始就是光听别人的话，才无所适从的。

抬着驴的父子

从前,一个农户家里养了一头驴。这头驴渐渐变老,不能再干活了,所以,他们决定把驴赶到城里卖掉。

在去城镇的路上,有一条小河,一群妇女正在河边洗衣服,她们又说又笑,好不热闹。老人和儿子赶着驴走过时,只听其中一个妇女说:"快看,那两个人有驴不骑,却在路上走,真是太奇怪了。"老人听了也觉得有道理,就让儿子骑上驴,自己跟在后面。

没过多久,他们又从一群老人身边经过。

老人们正在热烈地讨论着什么,其中一个看到他们来了,立刻说:"看啊,现在的人是怎样尊敬老人的。儿子真是不孝,自己骑着驴,却让老父亲走路。哎,他怎么一点儿也不知道孝敬老人呢?"老人听后,只好自己骑上驴,让儿子在后面跟着。

他们走了几里路后,又碰到几个妇女和孩子。老人听见有人喊:"嘿,你们看那个可怜的孩子,他简直都跟不上了,真不知道他父亲是怎么想的。"老人听后,立刻把儿子也抱到了驴背上。

到了城门口,一个从城里出来的人看到他们,奇怪地问:"这头驴是你们自己的吗?它都快要被你们压死了。"老人问："那你说我们该怎么办？"那个人回答："你们两个抬着它吧，那样就不会让驴受这么大的累了。"老人觉得这也是个办法，就把驴的四条腿捆在一起，和儿子一起抬着驴向城里走去。到了城里，他们的滑稽行为惹得周围的人哈哈大笑。驴不喜欢吵闹声，更享受不了被抬着走的奇怪方式，于是挣脱绳子跑了。老人又羞又恼，只好和儿子垂头丧气地回家了。

启迪

哈哈哈！这个故事真好笑！在笑声中我们得到了深刻的启示，那就是，做任何事情都不能人云亦云，要有主见，要对别人的意见做出正确的分析和判断。否则，就会一事无成。

母鸡和狐狸

一只精明的老母鸡在树上张望,一只狐狸走过来,满脸堆笑地说:

"老姐姐,我们狐狸要与你们鸡类停止战争,从现在起实现全面的和平。我是特意来把这个好消息告诉你的,快下来吧,让我拥抱你一下,以示庆贺。

今天,我还得到二十个地方去报告这个好消息呢。你和你的同伴尽管去庆贺吧,我将为你们效劳。

教会孩子辨别是非

"从今天晚上开始,大家就可以尽情狂欢了。不过,现在请先接受我深情的一吻吧。"

老母鸡回答说:

"老弟,世上没有比'和平'更动听的字眼了,尤其是从您的嘴里说出来,更让我欣喜若狂。

"我看到两只猎狗正朝这里飞奔而来,他们肯定也是来报告这个和平消息的。

"他们跑得快如闪电，相信不一会儿就会来到树下，我马上就下来，咱们大家好亲吻、拥抱。"

狐狸慌张地说："再见吧！我还要到其他地方去报告这个好消息，下次有机会咱们再庆祝吧。"

说话间，这个狡猾的家伙撒腿就跑。

老母鸡站在树上，看着狐狸气急败坏的模样，非常得意，大笑不止。

启迪

在困难面前，我们应当学会临危不惧，就像故事中的母鸡一样，她没有听信狐狸的花言巧语，而是机智地应对，所以，才没有遭到狐狸的伤害。

教会孩子辨别是非

狐狸建筑师

有一只狼,他特别喜欢吃鸡,因此养了很多鸡,但他的鸡老出问题。鸡舍四通八达,鸡不是自己跑掉就是被偷走,狼非常苦恼。

为了避免损失,狼决心建造一个更大的鸡舍,让鸡住在里面,而且,这个鸡舍要建得既牢固又安全,还要妥善管理,使一切盗贼都无法进入。

狼接到报告,说狐狸是伟大的建筑师,于是,狼决定委托狐狸来办这件事。

狐狸既献出智慧又付出辛劳，工程自始至终进展得非常顺利。

鸡舍建好后，大家前来参观，果然漂亮无比。

此外，里面的设备样样齐全：饲料盆就在鸡的嘴边，到处是栖息的木架，既可御寒，又能防暑，甚至还为孵蛋的母鸡准备了安静的地方。

鸡舍建造得太完美了，狐狸因此获得了丰厚的报酬。

狼下达命令，鸡群即日起搬入新居。

但搬迁之后，鸡群被盗的情况并没有得到任何改善。

教会孩子辨别是非

狼感到很奇怪:鸡舍看上去很牢固,高高的围墙也很结实,可是里面的鸡却越来越少,问题到底出在哪里?

狼莫名其妙,百思不得其解,于是,下令严加防守,结果抓住了谁呢?

原来是建筑师狐狸。虽然他把鸡舍建得十分牢固,谁也别想钻进去,但却偷偷地为自己留了一条暗道。

启迪

狐狸本身就是偷鸡贼,他所建的鸡舍貌似严密,其实却给自己留了条偷鸡的秘密通道,难怪鸡群被盗的情况并没有得到任何改善。我们在替狼感到遗憾的同时,也明白了一个道理:千万不要让坏人有机可乘,否则遭殃的肯定是自己。

狼、马和狐狸

有只狐狸，虽然年纪轻轻的，却学得老奸巨猾。

有一天，他生平第一次看到了一匹马。

这时，一只刚刚出道的狼走了过来。狐狸对他说："你去看看吧，有只动物在我们的草地上吃草呢！他个子高高的，长得也很英俊。看到他，我心里有一种美滋滋的感觉。"

狼笑着问："难道他比我还健壮？你说说看，他到底是个啥模样。"

狐狸回答说："他高高的个子，长长的腿，吃草时像绵羊一样温和，奔跑起来却像风一样快。很多小动物都和他交上了朋友，我却看他像最可口的晚餐。"

狼的眼睛里射出贪婪的凶光，他问狐狸："你不是说他跑起来像风一样快吗？他要是逃跑了，到口的晚餐不就又飞了吗？"狐狸得意地笑了笑说："我有办法，他是个新来的，不认识我们，到时候你装作友好的样子去和他握手，乘机紧紧抓住他，晚餐不就到口了？"于是，他俩一起朝草地跑去。

那匹正在草地上吃草的马见两位不速之客朝他走来，拔腿就跑。

这时，狐狸急忙上前拦住他，说："你好，新来的朋友，我们兄弟俩的好客是这里出了名的，我们想和你做个朋友。"马打量着他们锋利的爪牙和算计的目光，心里已经有了底。

这时，狼热情地走上前说："好朋友，第一次见面，我们先来握个手吧。"马等他走到身前，突然把蹄子高高扬起，照着狼的下巴就是一脚。

狼被踢掉了四颗牙，痛得在地上打滚，马却早已经跑得连影子也看不见了。

启迪

在日常生活中，我们不要轻易相信陌生人，不能听信其花言巧语，而要认真思考，学会辨别是非，增强自我保护意识。

狼、狮子和狐狸

老狮王犯了风湿病,躺在病床上不能动弹,他命令大臣们必须找到医治他病症的药。

大臣们知道狮王的要求是根本办不到的,但是谁也不敢向狮王说明。

大臣们只好在百兽中征聘良医,许多医生聚集到宫中,献祖传秘方的臣民也是络绎不绝。

但在频繁的朝见中单单见不

到狐狸，他已经销声匿迹，不知躲到哪里去了。

为了讨好狮王，狡猾的狼对狐狸肆意诽谤。

狮王听信谗言，对狐狸的失踪极为不满。他勃然大怒，下旨立刻把狐狸带进宫里。

狐狸被抓进宫里，押到了狮王的睡榻前，他心里非常清楚，自己之所以遭受不白之冤，完全是狼在搞鬼。因此狐狸说道：

"陛下，臣以为有的奏折与事实并不相符。我最近没有来朝拜陛下，并非是对您不尊重，实际上我是朝拜圣地去了，祈求上天保佑陛下早日康复，以了却我的心愿。

"在朝拜的长途跋涉中，我遇到一些博学多才的君子，我向他们提及陛下贵

体欠佳,精力减退这件事。他们告诉我说,您所缺乏的仅是一些热量。

"您年事已高,要注意保暖,只要您穿上一件新做的热乎乎的狼皮大衣,您的病情马上就会好转。

"只要您看得上,狼大人的皮就是上好的料子。"

狮王对这一提议十分赞同,下令剥了狼皮,并砍下了狼的四只脚。

结果,狮王不仅披上了狼皮大衣,还把狼肉做了晚餐。

启迪

生活在同一个集体里,大家就应该团结互助,互敬互爱。如果大家不但不团结,还互相猜疑,互相诽谤,迟早会和狼的下场一样。小朋友,你说对吗?

狼和杜鹃

狼热情地向杜鹃打招呼：

"再见了，我的好邻居。我原以为这里环境安静，适合我生活，现在看来，完全不是这么回事。

"这里，不论是人还是狗，一个比一个坏，就算你是善良的天使，也无法和他们和睦相处。"

教会孩子辨别是非

杜鹃问道:

"那么,你是准备搬家了?可是,哪里会有和善的人与你和睦相处呢?"

狼回答说:

"我要到世外桃源去,据说那里的居民从来不知战争为何物,人们个个温顺有礼。牛奶多得像河水一样。大家亲如兄弟。连那里的狗也不吠叫,更不用说进攻撕咬了。总之,那里的居住条件真是太理想了。

"你倒是说说,我亲爱的邻居,如果能看到自己生活在那样的地方,即使在梦境里,不是也很甜蜜吗?

"再见了!过去有对不住的地方,请多原谅,我的邻居！我的新生活即将开始，那将是和平、幸福、愉快的生活。再也不会像在这里，就算白天我也提心吊胆，到了夜里也不能安眠。"

杜鹃说："亲爱的邻居，祝你一路顺风！不过，我还有句话想问问：你的牙齿和你的习性，是留在这里还是随身带去？"

"什么话？把他们留下，简直是胡言乱语！"

"那么，请你记住我的话：就算到了那里，也会有人剥掉你的皮的！"

启迪

俗话说："老鼠过街，人人喊打。"就像故事中做坏事的狼一样，坏人无论走到什么地方，都不会受到欢迎。

狼和猫

狼为了躲避猎人的追捕，跑进了村子里。他担心猎人会剥掉他的皮，恨不得马上钻进村民的门户，可是家家户户全都紧闭大门。这时，狼看见篱笆上有一只猫，连忙低声下气地请求说："瓦西卡，我的好朋友，请告诉我，哪个农民心肠最好？谁能把我藏起来，躲开凶恶的敌人？你听听，那些猎狗汪汪地叫，号角声多么可怕！他们正在追赶我，马上就到了。"

猫说:"快去找斯捷潘吧,他是我们村里心地最善良的人。"

"哦,是这样。我偷过他家的一只鹤。"

"那么,你去找杰米扬试试。"

"我怕他也不会原谅我,因为我叼走过他家的一只小山羊。"

"往那边跑,那边住着特罗菲姆。"

"特罗菲姆?不,我可不敢见这位大叔。我抢过他的一只小羊羔,从春天起他就想要我的命!"

"哎呀,真糟糕!那你不妨求求克里姆,也许他会把

教会孩子辨别是非

你藏起来!"

"唉,我咬死过他家的一头小牛。"

于是,猫对狼说道:"亲爱的,我算是看明白了,既然你得罪了村里所有的人,怎么还敢指望在这里躲避呢?

"村民们绝不至于那么糊涂,受过你的伤害还来搭救你。俗话说得好:'种瓜得瓜,种豆得豆。'你有今天的下场,完全是自作自受!"

启迪

无恶不作的人让人深恶痛绝,在危难时又怎么可能得到别人的帮助呢?相反地,经常帮助别人的人,在自己需要帮助的时候,才会得到周围人的鼎力相助。所以,我们一定要从身边的小事做起,做个乐于助人的好孩子哦!

老鹰和猫头鹰

老鹰和猫头鹰停止了互相攻击,她们彼此拥抱以表示亲热,并发誓不再互相吞食彼此的孩子。

猫头鹰问道:"你认识我的孩子吗?"

"不认识。"

猫头鹰叹息道:"那可真糟糕!我经常为孩子们的性命担心,现在,保住他们的性命全靠运气了。因为你是百鸟之王,不会把这些小事放在心上。如果你遇到我的孩子,而又不认识他们,那他们的小命就不保啦。"

老鹰提议说:"那你把他们的样子说给我听听,要不然指给我看看也行。我向你保证,我不会伤害他们的。"

教会孩子辨别是非

猫头鹰以未来母亲的身份说道：

"我的孩子们娇小动人，可爱极了。单是这些特点就能保证你辨认清楚了。请记好了，千万别忘了，要不然，死亡就会降临到他们头上。"

没过多久，猫头鹰真的做了妈妈。

有一天傍晚，猫头鹰出去给孩子们找吃的。老鹰看到一个鸟窝，里面有几个长得怪模怪样的小东西，他们面目丑

陋，神态阴郁，发出的叫声阴森森的。

老鹰见状，说："这应该不是我朋友的孩子，就拿他们做晚餐吧！"

很快小猫头鹰就被一扫而光了。

猫头鹰回家一看，天啊，她简直傻了眼：自己的孩子全被吃了。

猫头鹰伤心欲绝，她把自己的不幸说给大家听，并向大家哀告，祈求严惩老鹰。

这时，有个街坊对她说：

"您还是反省反省自己吧。人总是觉得自己的孩子最漂亮、最可爱，比别人家的都好。谁让你在老鹰面前把自己的孩子说得像朵花一样呢？这与他们的实际情况相差太远，难怪老鹰认不出他们。"

启迪

说话、做事一定要实事求是。有些人总是夸大其词，结果常常身受其害。故事中的猫头鹰就是因为把自己的孩子夸赞得太离谱了，才导致了悲剧的发生。

仁慈的狐狸

春天阳光明媚，本是收获希望的季节，可一只八哥却在这个季节里不幸中箭身亡了。

厄运并没有到此结束，她一死，还有三条小生命也危在旦夕：她的三只雏鸟从此成了孤儿。

雏鸟刚刚出壳，懵懵懂懂，又非常弱小。可怜的小雏鸟们又饿又冷，不停地尖叫着，呼唤着母亲。

"这些可怜的孤儿，谁看了心里能不感到难受呢？谁又不为他们伤心难过呢？"

一只狐狸正蹲在鸟窝对面的石头上，大声喊着：

"请大家不要抛弃这些无依无靠的孤儿，献上咱们的一片爱心，哪怕给他们叼来一粒谷子，给他们的小窝塞上一根干草,也许就能救了他们的命!

"布谷鸟,你正在换毛,为什么不拔下几根羽毛,为他们铺一张暖床呢!反正你的毛不拔也是白白浪费掉。

"还有你,云雀,你每天在天空里翻飞、打转,整天玩耍,不如去田野里、草地上找点儿食料,与那些孤儿们分享。

"还有斑鸠,你的子女已经长大了,他们自己也能独立

生存了，你应该舍弃自己的小家，去给孤儿们当个好妈妈。

"小燕子，你最好多捉几只蚊子。

"还有亲爱的夜莺，你的歌声那么美妙动听，你最好在晚上唱上一曲，哄他们睡觉。我相信有你们的热情关照，孤儿们会感到很幸福的。

"现在你们都听我的，快快行动起来吧……"

狐狸还在滔滔不绝地讲着，三只可怜的小雏鸟，已经饿得东倒西歪了，从窝里跌落下来。

狐狸见了，立刻跑过去把他们吞进了肚子里。

启迪

美丽的谎言有时确实会让人迷惑。其实，真正善良的人从不把善良挂在嘴上，而是用实际行动来证明。那些只会花言巧语却从不做一件实事的人，我们千万不要相信他们。

鱼鹰

鱼鹰光顾了附近所有的池塘,鱼塘和水池是他理想的栖息地,所以,鱼鹰的伙食一直很好。

但随着年事增高,精力衰退,他再也无法维持原来的伙食水平了。

鱼鹰老眼昏花,看不清水底,又捕不到鱼,只好长期

忍受饥饿的煎熬。

万般无奈之际，鱼鹰灵机一动，想出了一个好主意。

有一天，鱼鹰在池塘边上看见了一只虾，便对他说："朋友，我有重要消息通知大家：大祸就要降临到你们头上，一星期后，池塘的主人就要下网捕鱼虾了。"

虾得知这个消息后，立刻慌了手脚，忙向大家通报情况。水族动物全跑了出来，聚在一起选派代表去见这只水鸟。

"鱼鹰大人，您从哪得到这个消息的？您说的靠得住吗？有没有解决办法？"

"换个地方不就行了。"鱼鹰答道。

"可我们怎么换呢?"

"这个你们不用担心,我可以把你们逐个带到我住的鱼塘,那条路几乎没有人知道,是世界上最隐蔽的地方了。那是一个天然的鱼塘,能使你们全部获得新生。"

大家相信了鱼鹰的话,鱼鹰把他们全都安置在了水坑里。那里水浅见底,鱼鹰要逮住他们自然是轻而易举。

启迪

故事中的鱼虾因为听信了鱼鹰的甜言蜜语,结果连性命也丢了。小朋友,我们在做事之前要三思而后行,切不可一味听信陌生人的片面言词。

云朵变的小羊

在蓝蓝的天空中,有一朵大白云,那是云妈妈。云妈妈的身后,总是跟着一朵小白云,那是云孩子。云妈妈和云孩子总是在一起。

有一天,云妈妈和云孩子来到了一片草地上空。小白云对云妈妈说:"妈妈,妈妈,你看,怎么下面也有一片白云呀?"

云妈妈仔细一看,原来草地上是一群白色的羊。

小白云说:"妈妈,我很喜欢小羊的样子,我能变一会儿小羊吗?"

云妈妈说:"好的,变吧,不过,等一会儿你得变回来哦。"

小白云变成了一只小羊的样子。云妈妈说:"嗯,真的好像哦。"

云朵变的小白羊，在云妈妈身边跑来跑去，真的好开心啊。

忽然，云朵变的小白羊摔了一跤，从天空掉了下来。

云妈妈很着急，她尽量飞得低一点，想找到自己的孩子。

云妈妈仔细找着："可是，哪一只羊是我的孩子变的呢？"

云妈妈没有找到有一点儿不同的羊，因为云朵变的小羊，变得实在是太像了。

云妈妈又想："一定会有一只看起来很伤心的小羊，那一定是我的孩子。"

可是，云妈妈看到，大地上的每一只小羊都很快乐，她怎么也找不到自己的孩子。

云妈妈不放心，羊群跑到哪里，她就跟到哪里。就像一把大伞，撑在羊群的上面。

云妈妈直到现在也没有找到自己的孩子，不过，现在云妈妈已经把大地上整群的羊都看成是自己的孩子了，每天在天上跟着。

"这么大的一群羊里面，有一只是我的孩子变的，但是我找不到我的孩子变的那只羊，所以，我要把整个羊群都照顾好。"云妈妈对自己说。

启迪

变成了小羊的云孩子可能还不知道，不管她跑到哪里，头顶上都会有一把大伞在为她挡风遮雨，那就是母爱。母爱永远都是最无私的爱。小朋友，读了这个故事，你是不是已经想到要用优异的成绩来回报母亲了呢？

虎猫对饮

有一天,森林里的老虎大王请猫去喝酒。

"大王,你不会拿我当下酒菜吧?"猫害怕地问。

"怎么会呢!我们都是猫科动物哇。"老虎说。

"您的话真让我感动,大王。"猫对老虎非常感激。于是,他们喝起酒来。

天慢慢黑了，猫喝得摇摇晃晃的，站起来想回家。老虎用爪子按住了猫说："今天叫你来，是有件事同你商量。我最近得了一种奇怪的病，尾巴痒得不得了，经常整夜睡不好觉。"

"大王用药了没有？"猫问。

"医生给开了各种药方，可还是不行。"老虎叹了口气，"不过，昨天医生又找来一个偏方，说是用了保证好。"

教会孩子辨别是非

"那就太好了。是什么偏方呢?"猫好奇地问。

"偏方……就是要用一只小老虎或猫的骨头煮的水涂在尾巴上,几天以后就会好了。"老虎轻轻抚摸着猫的头,一边放声大哭:"我只有四个孩子呀!小小的年纪……我怎么忍心使用他们的骨头呢!"

"大……王……"猫已经找不到自己的舌头了。

"我想来想去,只有借你的骨头用一下了。你陪伴了我好几年,还真有点舍不得呀!"老虎假惺惺地说。

启迪

老虎对猫说了很多"真心话",其实,这只不过是在给自己干坏事找借口罢了。小朋友们,我们可不能轻易相信别人的花言巧语哦!

狼落狗舍

一天夜里,狼本想钻进羊圈,不料却落入狗舍。

狗舍顿时一片骚动,猎狗全部出动。嗅出凶恶的大灰狼就在附近,一面汪汪叫,一面向前猛冲。

猎狗的主人高声喊道:"不好,伙计们,有贼!"

大门立刻关上,并且上了门闩,狗舍顷刻间就像地狱一般。

教会孩子辨别是非

人们纷纷跑来:有的拿着锄头,有的拿着猎枪。

有人喊道:"拿火来!拿火来!"

于是,人们拿来了火把,照见墙角里有只大灰狼,缩着脖子,蹲在墙角,瞪着眼睛,竖起硬毛,好像要把大家都吞掉一样。

不过狼也看到,在自己面前的不是羊群,而是要为羊群算账的人们,于是,狡猾的家伙便想进行谈判。

狼开口说道:"朋友们,干吗这么吵吵闹闹?我是你们的远亲和世交,我是来讲和的,绝不是为了争吵;让我们

忘掉过去，大家和睦相处。

"今后我不仅不伤害这里的羊群，还将保护其不受欺凌。我以狼的名义起誓，我保证……"

猎狗的主人打断了狼的话："邻居，你听着，你是一身灰毛，而我已经白发苍苍，你们狼的本性我早已摸透，所以我根本不会上当。"

说完，他放出一群狗，一下子就把狼扑倒在地。

启迪

狼是贪婪和狡猾的，但不管狼多么狡猾，终究逃不过人们的慧眼，终究免不了要受到惩罚。在现实生活中，我们也要做一个充满智慧的人哦！

没有牙齿的大老虎

在大森林里,谁都知道老虎的牙齿最厉害。

小猴伸着舌头说:"嚄,比柱子还粗的树,大老虎用尖牙一咬就断了,真吓人哪!"

"大老虎咬起铁棍来,跟吃面条一样……"小兔说着,害怕得缩起了脑袋。

可小狐狸却说:"你们怕大老虎的牙齿,我可不怕!我还要把他们全拔掉呢!"

哈哈哈,哈哈哈,动物们谁都不相信小狐狸的话。

没想到，小狐狸真的去找大老虎了，他还带了一大包礼物呢。

"啊，尊敬的大王，我给您带来了世界上最好吃的东西——糖。"小狐狸说。

老虎从来没吃过糖，他尝了一块，说："哈，好吃极了！"

从此，狐狸就常常给老虎送糖来。老虎吃了一块又一块，连睡觉的时候，都把糖含在嘴里。

这时，狮子来劝大老虎："糖吃多了，又不刷牙，牙齿会掉的。"

"哦，"大老虎答应着，正要去刷牙，狐狸来了，喊道："哎呀，你把牙齿上的糖刷掉了，多可惜呀。"

"可狮子说，糖吃多了牙会坏的。"老虎回答。

狐狸赶紧说："别人的牙齿

教会孩子辨别是非

怕糖,可您大老虎的牙多厉害呀,铁棍都能咬断,还会怕糖?"

"哈哈,不错。"老虎得意地说。

可是没过多久,老虎的牙齿就疼起来了。他找狐狸来帮忙,狐狸一看叫了起来:"你的牙全坏了,得拔掉哇!"

老虎疼得没办法,只好让狐狸拔牙。狐狸拔呀拔呀,拔了一颗又一颗,最后,把老虎所有的牙齿都拔掉了。

没有牙齿的大老虎,动物们再也不怕他了!可他还用漏风的声音,对狐狸说:"还是你最好,又送我糖吃,又替我拔牙,谢谢,谢谢!"

启迪

小狐狸抓住了老虎盲目自大的心理,不停地给老虎送糖吃,直至吃坏了牙。然后,又"好心"地替老虎拔牙,让老虎失去了自己身上最重要的东西。我们小朋友可不能像老虎一样自高自大哦!

一颗核桃和一座钟楼

乌鸦不知从哪儿弄到一颗核桃，他打心底感到自己运气不错，美滋滋地向钟楼飞去。他在楼顶上停稳，就用一只爪子紧紧按住核桃，用嘴狠劲儿啄那圆不溜秋的硬家伙，想要把硬果壳啄开，吃里头那美味儿的果仁。可不知是用力过猛呢，还是他没弄对头，核桃"咻溜"一下从他爪下滑开，滚了下去，落进一条墙缝里不见了。

"啊，好心的墙啊！你生来就是保护他人的！"被乌鸦的嘴啄得魂飞魄散的核桃可怜巴巴地对墙说，"你别让他把我啄破，别让他把我吃了，求你可怜可怜我！你这样的坚实牢固，这样的雄伟壮观，你还有这么一座漂亮的钟楼。请别赶我走!"

从大钟沉洪的声音中,已经可以听出他的主张:墙不宜将核桃收留在自己怀中。他劝告高墙别信这核桃,因为核桃对高墙是一种危险。

"请别赶走一个危难中的孤儿,请别赶我走!"核桃大声哀求,"我原本打算离开生我养我的树枝,落到一块潮湿的土地上去

发芽生长的，却万不料撞上了乌鸦这个恶魔。一落进乌鸦贪婪的嘴里，我就许愿说：要是我能免于一死，我今后决不奢望什么，随便落进个土坑，平平静静地度过余生，我就心满意足了。"

核桃的这番话确实催人泪下，这堵墙差不多难过得要哭了。于是，置大钟响亮的警告于不顾，满怀热忱地将核桃收留在缝隙里。

时间一天一天过去，核桃摆脱了惊恐，清醒了，恢复了平静。他就开始往下扎根，根须向热情好客的墙缝里抠。不久，核桃的第一批幼芽从裂缝里冒了出来。这些幼芽齐心协力往上长，并且在内部积蓄力量，把自己的枝叶高傲地耸到了钟楼之上。

核桃根须的伸张,首当其冲遭罪的是墙壁。根须能抓会抠,能攀会缠,日日夜夜,一刻不停地扎到所有他们能扎进的地方,渐渐地,核桃的根须撼动了古老的墙砖。

当墙壁明白过来,原来这看着不起眼、可怜巴巴的小核桃是多么阴险奸诈时,一切都已经太晚

了。这颗小核桃,他当时口口声声发誓要人家相信他的余生将过得平静如水、卑贱似草,现在看来,这只不过是一种骗取信任的手段而已。此时此刻的墙壁只能怪自己当时轻信了他,痛悔当初不该不听有先见之明的大钟的劝告。

小核桃神态高傲地生长着,无情地毁坏着古老的钟楼,一天比一天更厉害。

启迪

我想告诉钟楼,助人于危难之中是应该的,但不能不辨对方的善恶就去帮忙。我还想告诉小核桃,如果他能在旷野中长大,一定会是一棵为人类贡献很多核桃的好树,而不会毁坏钟楼了。

十一只猫

十一只猫出去旅行,猫队长走在最前面。

山坡上开满了鲜花,鲜花旁边立着一块牌子:"不许摘花!""摘一朵不要紧的!"猫们却说。于是,他们每人摘了一朵插在头上。

走着走着,前面出现一座桥,桥边的牌子上写着:"不许过桥!"但十一只猫还是过去了。

山冈上有一棵大树,树下立着一块牌子:"不许爬树!"十一只猫可不管,他们"噌噌噌",爬上了树,坐在树上吃午饭。

在树上,他们看到一只奇怪的大口袋,旁边写着:"不许钻袋子!"十一只猫马上钻进袋子。先进去的喊着:"啊,里面真宽哪!"后进去的叫着:"再往里钻!"

突然,外面传来"呜嘻嘻,啊哈哈"的笑声,原来是一个名叫"呜嘻啊哈"的丑陋的怪物。怪物猛地收紧了袋口,扛起袋子向山顶跑去。这下,十一只猫成了他的奴隶了,他让猫们给他拉石头,猫们累得直叫,他们商量着怎样才能逃跑。

第二天早晨,十一只猫边拉石头边唱歌,"呜嘻啊哈"看见了,就问:"你们干吗这么高兴?""我们当然高兴了,因为再没有比拉石头更快乐的事了。"猫们说。

"是吗?让我拉一下。""呜嘻啊哈"把猫们赶开,自己拉起了石头。十一只猫趁机溜走了。"呜

嘻啊哈"放下石头,从后边追来了,追到悬崖边,看到一只木桶,上面写着:"不许进桶!""呜嘻啊哈"以为猫们肯定在木桶里,于是,就跳了进去。

十一只猫趁机把木桶推下悬崖,只听"啊!"的一声,木桶里的"呜嘻啊哈"就被摔死了。十一只猫战胜了怪物,别提多高兴了,他们兴高采烈地往家走。路上,他们看见路边立着"不许横穿马路"的牌子,这回他们明白了:千万不要把别人的劝告当耳旁风。于是,他们从天桥上走了过去,没有横穿马路。

启迪

小朋友们,我们一定要主动遵守公共场合的规定,否则,就很有可能产生严重的后果。故事中的猫一开始不懂这个道理,所以才闯了不少祸。

橡树的使命

有一个美丽的花园,里面长满了苹果树、橘子树、梨树和玫瑰花,他们都幸福地生活着。

花园里的所有成员都是那么快乐,只有一棵小橡树愁容满面。可怜的小家伙被一个问题困扰着,那就是,他不知道自己能做什么。

苹果树认为他不够勤奋,说:"如果你真的努力了,一定会结出美味的苹果,你

教会孩子辨别是非

看多容易!"玫瑰花说:"别听他的,能开出玫瑰花来才好,你看我多漂亮!"失望的小橡树按照他们的建议拼命努力,但他越想和别人一样,就越觉得自己失败。

一天,鸟中的智者雕来到了花园,听说了小橡树的困惑后,他说:"你不要把生命浪费在去变成别人希望你成为的样子,你就是你自己。你永远都结不出苹果,因为你不是苹果树;你也不会每年都开花,因为你不是玫瑰。你是一棵橡树,你的使命就是要长得高大、挺拔,供鸟儿们栖息,供游人们乘凉,创造美丽的环境。你有你的使命,去完成它吧!"说完,雕就飞走了。

小橡树自言自语道:"做我自己?"突然,小橡树茅塞顿开，觉得浑身上下充满了力量和自信，他开始为实现自己的目标而努力。很快，他就长成了一棵大橡树，填满了属于自己的空间，也赢得了大家的尊重。这时，花园里才真正实现了每一个生命都快乐。

启迪

在生活中，所有人都有自己需要完成的使命和属于自己的位置。小朋友，如果你不能像别人那样出众，也不要灰心，因为你有自己的使命，做好你自己就会得到大家的尊重。

心中的顽石

从前,有一户人家的菜园里摆着一块大石头。进菜园的人,不小心就会踢到那

块大石头,结果不是跌倒就是擦伤。

儿子问:"爸爸,那块讨厌的石头,为什么不把他挖走?"

爸爸回答:"你说那块石头啊?它从你爷爷的时代一直放到现在了,它的体积那么大,不知道要挖到什么时候。

与其费时间挖石头,不如走路小心一点,还可以训练你的反应能力。"

一晃过了十几年,这块大石头又留到了下一代。

有一天,孙子气愤地说:"爷爷,菜园里那块大石头,我越看越不顺眼,改天请人搬走好了。"

爷爷回答说:"算了吧!那块大石头很重的,可以搬走的话,在我小时候就搬走了,哪会让它留到现在啊!"

教会孩子辨别是非

孙子听了，心里非常不是滋味，因为那块大石头不知道让他跌倒过多少次了。

有一天早上，孙子带着锄头和一桶水来到菜园，将整桶水倒在大石头的四周后，用锄头把泥土搅松。

孙子早有心理准备，可能要挖几天吧，可谁都没想到，没几个时辰就把石头挖了出来，看看大小，这块石头远没有想象的那么大，大家都是被它的外表蒙骗了。

启迪

就像钻进鞋子里的一粒沙子会妨碍我们远行一样，阻碍我们去发现、去创造的，往往是我们心里的顽石。因此，小朋友在学习、生活中遇到困难时，一定要突破这些心理障碍哟！

空瓶子

狐狸和猴子好几天没吃东西了,在路上,他们发现一个洞穴,里面有一个神像和两个瓶子。

狐狸祈求神像:"我们好几天没吃东西了,这样下去

教会孩子辨别是非

会饿死的。"

神像说:"这儿有两个瓶子,一个装满食物,一个是空的。你只能通过观察来选择一个。"

猴子听了这番话,赶紧低声对狐狸说:"我们怎样才能知道哪个是装满食物的瓶子呢?我们已经有好几天没吃东西了,我现在饿得厉害,你也是吧?要是挑不对,我们就会饿死在这里的。"

狐狸想了想,走到神像跟前说:"你说两个瓶子中有一个装满食物,一个是空的,可我看这两个瓶子肯定都是空的。"

听了这番话,一个瓶子开口了:"我才不是空的!"

狐狸一听，伸手抱走了另一个瓶子。打开瓶盖，果然里面都是食物。

猴子疑惑不解地问："你怎么知道这个瓶子里有食物？"

狐狸笑着说："肚子里空的人，最怕人家说他空。肚子里有墨水的人，你说他什么他都不在乎。"

启迪

狐狸说得很对，真正有水平的人，是不会在乎别人对自己的评价的。在现实生活中也是如此，很多人能宽容别人，正是因为他们胸怀宽广、目标远大，所以才不会因为小事而斤斤计较，更不会自鸣得意。

狐狸分肉

熊妈妈有两只小熊,一只叫大黑,一只叫二黑。

一天,他们捡到一块肉。大黑说:"是我先看见的。"

二黑说:"是我先捡到的!"为了这块肉,他们吵了起来。

一只狐狸走过来说:"不要吵了!大家要团结,为了争一点点肉吵嘴让

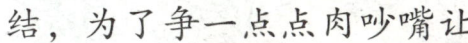

别人听见了多不好,我来给你们分开。"

狐狸有意把肉分得一块大,一块小。二黑分到一块小的,二黑吵着:"我不干,他的比我的大。"

狐狸说:"我把大的咬一点儿,那就一样大了。"

大黑又吵着:"我的小,他的大,我不干。"

"这么不讲团结,好,我再把大的咬下来一点儿。"狐狸说完又咬了一口,大块的又变成小块了。

就这样,两只小熊不停地吵,狐狸不停地咬,最后,两块肉只剩下一点点了。

教会孩子辨别是非

大黑说:"太小了,我不干了。"

二黑也嘟着嘴说:"这块肉太小了,我也不干了。"

狐狸奸笑着说:"既然你们都不吃了,那我只好把肉都吃完吧。"

于是,狐狸把两小块肉一口吞下,然后,抹抹嘴巴,心满意足地走了。两只小熊你看着我,我看着你,还不知道他们又一次上了狐狸的当呢。

启迪

两只小熊因为不团结,才让狐狸有机可乘。小朋友们,我们与小伙伴相处时,可一定要团结互助,这样,才能同心协力,克服困难。

农夫与蛇

在很久很久以前,有一个农夫很善良,但他好坏不分,最后,做了好事却送了命。

那是一年的冬天,天特别的冷,天空中下着鹅毛大雪,地上结着厚厚的冰,滑溜溜的,农夫顶着大雪,出门去办事。走着走着,他看见路边有一条冻僵了的蛇。"呀!

教会孩子辨别是非

这么冷的天,多可怜,要是没人救,蛇肯定会冻死。"农夫这样想着,他宁肯自己冷一点,也要救救这条可怜的蛇,做件大好事。

他急匆匆地又回到家了,家里人问他怎么又回来了,他说:"我救了一条蛇,正在怀里暖着呢!"

家人大吃一惊。妻子急忙说:"蛇是最恶毒的,怎么能救这么恶毒的东西呢?"儿子也劝父亲说:"怜悯恶人,好人就要遭殃,快拿出来打死吧!"可是,农夫就是不听:"我好意救活蛇,是蛇的恩人,蛇怎么会害我呢?天下哪有这样不分好歹的东西?"

蛇得到了温暖,慢慢地醒过来,开始在农夫的胸前蠕动了。农夫高兴极了,哈,我救活了一条生命,做了一件好事。他刚要把蛇掏出来,却觉得胸前被狠狠地咬了一口。哎呀,农夫顿时感觉到手脚麻木,眼前发黑。农夫中了蛇毒,快要死了。他感到非常后悔,临死前,拉着妻子和儿子的手说:"我该死,因为我可怜了恶毒的东西。我真不应该怜惜那条可恶的毒蛇啊!"

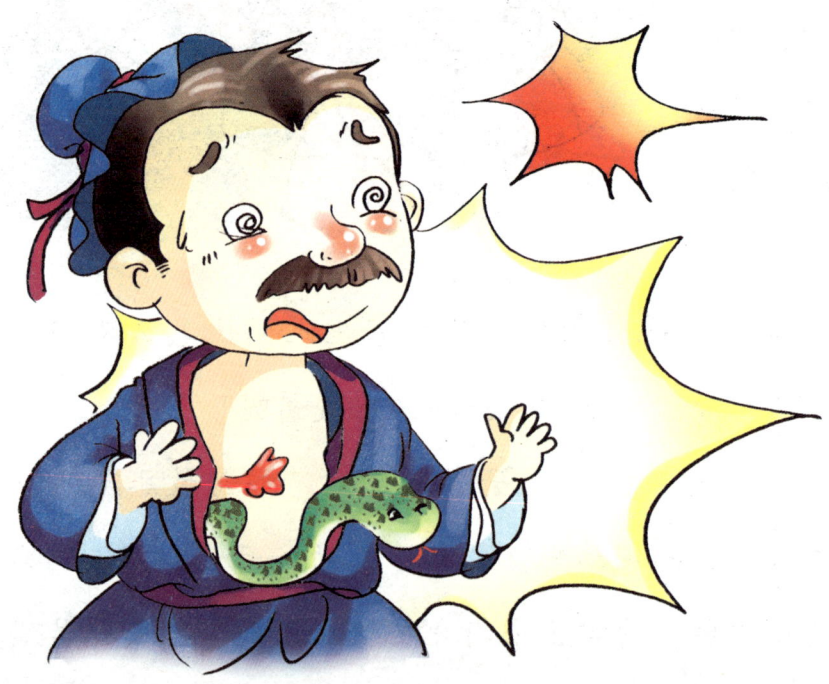

启迪

我们应该学习农夫善良的一面,在人们需要帮助的时候,伸出援助之手;我们却不能学习农夫不分善恶的一面,去帮助像蛇那样忘恩负义的人。

猫和公鸡

一只猫好久没有抓到老鼠了,饿得头晕眼花。一天,他抓到了一只公鸡,想用他来填饱肚子,可是,又怕传出去,影响了他的好名声。

猫的眼珠滴溜溜地转了几圈,想出一个好主意,他瞪着眼睛对公鸡说:"我注意你很久啦,你在镇上可干了不少坏事啊!"

公鸡答道:"猫先生,你一定是弄错

了吧,我向来都乐于助人,从来没有做过坏事啊。"猫理直气壮地说:"怎么没有?你每天早晨天还没亮就打鸣,吵得人睡不着觉。"公鸡无奈地说:"我打鸣是为了叫人们起来工作和学习的。要是没有我的报晓,很多人都会因贪睡而误事呢。"

猫见自己的话并没有抓住公鸡的把柄,便气急败坏地抓住公鸡的脖子,大声说:"你在丰收的季节经常跑到打麦场去偷吃粮食,有没有这回事?"

公鸡委屈地说:"这真是冤枉我了,我只是去啄掉在地缝里的

教会孩子辨别是非

麦粒吃,从来都不碰人们堆好的粮食。况且,即使我不去啄麦粒,人们也会把散落的粮食收集起来留着喂我的,我这样做既防止了粮食被浪费又节约了人们的时间,怎么会是做坏事呢?"

猫听后无言以对,只好灰溜溜地跑了。

启迪

猫明明是想捉公鸡,却找出种种理由批评公鸡。小朋友们,在生活中也有许多像猫一样做坏事还喜欢给自己找理由的人,我们一定要运用自己的智慧识破他们哦!

合伙种地

狐狸和熊是一对好朋友,他俩一起开垦了一块荒地。狐狸的眼睛滴溜儿一转,说:"我们俩合伙种蔬菜,等蔬菜长大以后,长在地上的归你,长在地下的归我。"熊答应了。种子种到地里以后,熊每天浇水、施肥,种子很快发芽,长出了萝卜。可是,到了秋收的时候,狐狸收了满满一车萝

教会孩子辨别是非

卜，而辛苦一年的熊却只得到了一些萝卜叶子。

第二年，狐狸还要和熊合伙种地，熊知道了狐狸的狡猾，于是，摇摇头说："我不想和你合伙种地了。"狐狸看出了熊的心思，笑着说："你放心，今年收获的蔬菜，地下的归你，地上的归我。"熊一想到自己可以收获一车的萝卜，就答应了狐狸。种子种到地里以后，熊更加勤劳了。种子很快发芽长出了白菜。可是到了秋天，狐狸收了满满一车新鲜的大白菜，而熊却仅仅挖了一点白菜根。熊又上了狐狸的当，他决心想个办法治治狐狸。

第三年，熊主动找上门对狐狸说："今年，我们还合伙种地吧！收获的时候，我只要它的梢儿，剩下的部分都归你！"狐狸高兴坏了，他连想都没想就答应了。种子种到地里以后，熊不再像前两年那样任劳任怨地干活了，狐狸见熊不干,只好亲自动手,他想:反正收获的东西也全部归自己。种子很快发芽,长成了一片绿油油的麦田。夏天到了,熊见麦子已经熟了,于是,趁狐狸不注意,把所有的麦穗儿全部割了下来,运回家打了满满一车粮食。

这天,狐狸到田里准备收割麦子,见麦田里的麦穗儿都不见了,便急得大叫道:"是哪个缺德的家伙把我的麦穗儿都割走了?"熊走过来慢声慢语地说:"咱们不是说好了吗?梢儿归我,我只是把属于我的那部分收走了,剩下的麦

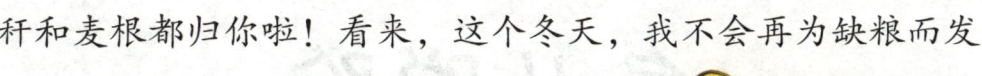

秆和麦根都归你啦！看来，这个冬天，我不会再为缺粮而发愁啦！"

狐狸知道自己也上了熊的当，可他又能说什么呢？还不是他自找的吗？

启迪

第一年，狐狸和熊合伙种了萝卜，他俩分别收获了萝卜和叶子；第二年，他俩合伙种了白菜，分别收获了白菜和菜根。熊吃了两次亏后，第三年，他还和狐狸合伙种地，但这一次，不仅收获了麦子，还收获了用吃亏换来的经验和聪明。

鱼儿脱险

有一只小花猫,他特别想吃鱼,可是,又不敢下河去捞鱼吃。

一次,他路过一个小池塘,发现池塘里的水马上就要干涸了,里面大多是泥浆,但还有一些鱼。

小花猫馋得直流口水,他实在太想吃鱼了,于是,便蹑手蹑脚地走到池塘边,想趁机捉鱼。

池塘里有一条聪明的小鱼,他看出了小花猫的动机,于是,很有礼貌地说:"亲爱的猫大哥,你想吃掉我们对吗?我们的肉可香啦!只是现在浑身都是泥浆,既不卫生又影响味道,不如你把我们带到干净的水里去洗洗吧!"

"可是,池塘里有这么多鱼,我怎么能全给你们洗呢?"小花猫问道。

"别着急,当然有办法啦!只要你趴在泥浆里,我们就可以咬住你身上的毛,那样,你就可以把我们带到水多的池子里去洗了。"此时的小花猫一心想吃小鱼,于是,便不假思索地照着小鱼的说法做了。这个池子里的鱼儿个个咬住小花猫的皮毛,被他带到了另外一个有水的池子里。鱼儿得水,都迅速地松开嘴,活蹦乱跳地向远处游去。

小花猫这才知道自己上

了小鱼的当,本来可以美美地吃一顿鱼餐,却因为自己的愚笨而让他们溜走了。最后,小花猫只好垂头丧气地回家了。

启迪

小花猫本想美餐一顿,可由于自己的愚笨,最后,竟让小鱼们溜走了;鱼儿们真是聪明,用自己的智慧换来了重生。小朋友,你想变得像鱼儿一样聪明吗,那么,就要主动思考、踏实学习哦!

两条小鱼

有两条小鱼在一个大湖里无忧无虑地生活着。一天,有一只老鹰来到湖边,看见里面有两条漂亮的小鱼,心想:我要是能够吃到他们该有多好啊!他眼珠一转,想出了一条妙计。

老鹰飞到湖面上,对湖里面的两条小鱼说:"亲爱的小鱼,你们怎么还住在这个湖里呢?这里的水明天就要被太阳晒干了,到

时候你们会死在这里的。"

其中一条胆小的鱼吓得发抖,急忙问:"那……那我们该怎么办呢?请你快帮帮我们吧!"老鹰表现出很乐意的样子,说:"这很好办,在山的那边有一片大海,那里的水永远都不会干涸,只要你们愿意,我可以带你们过去。"

胆小的鱼一听高兴极了,忙对老鹰说:"太好了,谢谢你啊,那你就先带我过去吧!"另外一条胆大的鱼劝他说:"你别轻信老鹰的话,太阳不会在一天当中就把湖水晒干的。"胆小的鱼哪里听得进劝说呢?他连想都没想就钻出水面,让老鹰衔着他飞走了。老鹰飞到半路,便一口把小鱼吃掉了。

过了两天,老鹰又飞到那个湖面上,对另外一条小鱼说:"亲爱的小鱼,你的那个朋友让我给你捎口信儿,说他在

教会孩子辨别是非

那片大海里过得很舒服,他很想念你,让你也到那里去。"

这条小鱼发现,在这两天里,湖水并没有变少,更别提干涸了。他断定他的朋友一定是被老鹰吃掉了。他恨透了这只老鹰,想为他的朋友报仇,于是,假装非常感激地说:"请你把头贴近水面吧,我的力气太小,不能跃出水面!"老鹰高兴地把头伸了过去,谁料他刚刚贴近水面,就被从水里跳出来的小鱼一口咬住脖子,拖进湖里淹死了。

启迪

湖里的水真的要被太阳晒干了吗?第一条小鱼连想都不想,就上了老鹰的当;第二条小鱼呢,既善于思考又十分机智勇敢,所以,不但保住了自己的生命,还消灭了狡猾的老鹰。

狐假虎威

从前,山中有一只老虎,他已经好几天没有吃到食物了,正在四处找吃的。

当他走进茂密的森林时,忽然,看到前面有只狐狸正在散步,于是,便扑过去,毫不费力地将他捉住了。狡猾的狐狸面不改色,大声说:"你不要以为自己是百兽之王,就敢将我吃掉。天帝已经加封我为'王中之王'了,无论谁吃

教会孩子辨别是非

了我,都将遭到天帝的惩罚。"老虎对狐狸的话半信半疑,心想:我是百兽之王,所以,任何野兽见了我都会害怕。狐狸不怕我,难道他真的是奉天帝之命来统治我们的?狐狸见老虎迟疑着不敢吃自己,便挺起胸膛,指着老虎的鼻子说:"怎么?难道你不相信我说的话吗?那么,咱们去证实一下吧。你现在跟我来,看看所有的野兽见了我是不是都吓得魂不附体。"老虎觉得这个主意不错,便跟着狐狸向森林深处走去。

狐狸大模大样地在前面开路,而老虎则小心翼翼地跟在后面。没走多久就隐约看见森林深处有许多小动物正在觅食。当小动物们发现走在狐狸后面的老虎时,不禁大惊失色，四散逃窜。老虎看见这种情形，也不禁有些胆战心惊。当然，他并不知道，野兽们怕的是自己，而不是狐狸。

启迪

老虎并不知道小动物们害怕的正是他自己，才相信了狐狸的谎话，从而让狐狸在小动物们面前大抖了一回威风。生活中，对于那些像狐狸一样仗势欺人的人，我们一定要提高警惕哦！

兔子和狐狸

一天,狼对狐狸说:"今晚,我们没有东西吃,不如把兔子骗到你家去。我们合力捉住他,美餐一顿,你说好不好?"

狐狸说:"好极了!但是用什么方法捉住那个机灵的家伙呢?"

狼胸有成竹地说:"这好办,你照我说的做就是了。你现在赶快跑回家,躺在床上装死,千万不要动,也不要说话,等兔子走到你床前,你立即跳起来捉住他,我在门外接应你。"狐狸听后,马上跑回家躺在床上装死。

这时,狼动身去找兔子,不一会儿,就到了兔子的家门外。狼敲敲门说:"不好了,亲爱的兔子,可怜的狐狸今

天中午忽然死在家里了。我去瞧瞧，你也来帮忙吧！"说完就走了。

好奇的兔子飞跑着来到了狐狸家门前，看见狐狸一动不动地躺在床上，顿时起了疑心，故意提高了嗓门说："我常听人说，狐狸即使死了，两条腿还是一直不停地抖，为什

教会孩子辨别是非

么你那么安静呢?"

狐狸不知是计,心想:装一定要装得像些,于是,就开始不停地抖自己的双腿。兔子一看,转身就跑了。

事后,狼直埋怨狐狸。狐狸感叹道:"想要吃兔子的肉,真是不容易啊!"

启迪

凡事多思考,真是好处多!试想,如果小兔子没有认真思考,怎能看穿狐狸的诡计呢,到头来岂不就成了狼和狐狸的美餐了吗?所以,我们在生活中遇到事情一定要认真思考,不可贸然从事。

自食其力

有个流浪汉无家可归,又没有谋生的手段,每天只能靠在城里乞讨度日,生活十分艰难。

这个城市并不大,他每天走的都是那几条街巷,讨的总是那几户人家。开始,人们出于一种同情心,还给他一点儿剩饭,时间长了以后,人们就觉得他来的次数太多了,令人生厌,于是,谁也不愿意再给他食物了。所以,他只好忍着饥饿过活。

这时,有个兽医因为活儿太多,忙不过来,需要找一个帮手。这个流浪汉便主动找上门去,请求兽医让他打打杂,以此换取

教会孩子辨别是非

一日三餐。这样，他就再也不用沿街乞讨，晚上也不必四处找睡觉的地方了，安定的生活让他觉得非常充实，干活也格外卖力。

一个富翁取笑他说："兽医本来就是一个被人瞧不起的职业，而你不过是为了混口饭吃，就去给兽医当下手，这不是一种莫大的耻辱吗？"

这个人平静地回答："依我看，天下最大的耻辱莫过于做寄生虫，靠乞讨度日。过去，我为了活命，连讨饭都不觉得羞耻，如今，能帮兽医干活，用自己的劳动养活自己，又怎么能说是耻辱呢？"

启迪

这个人的生活态度是正确的，劳动没有高低贵贱之分，在任何情况下，都要自食其力。小朋友，你说是吗？

孔雀惜尾

有一只雄孔雀的长尾巴长得真是漂亮极了,金黄和翠绿的颜色在阳光下闪烁着艳丽的光泽,令人惊叹大自然竟有如此神奇美妙的杰作。这种天然的艳丽可绝不是一般的画家用七彩笔所能描绘得出来的。

雄孔雀为自己拥有如此漂亮的尾羽而感到无比骄傲和自豪,以至于一看到雌鸡就觉得丑陋,一看到乌鸦就躲得远远的。在他眼里,任何其他鸟类的尾羽和他的相比,都只会黯然失色。

每逢在山里栖息的时候,这只雄孔雀总要先选择一个

教会孩子辨别是非

能掩藏尾羽的地方，然后才开始安放身体的其他部位，以便休息。可是有一天，好好的天气突然下起了大雨，雄孔雀发现躲避已经来不及了，只好眼睁睁地看着自己漂亮的尾羽被大雨淋湿，这使他好痛心呀。

恰在此时，手持罗网捕鸟的人看到了这只漂亮的雄孔雀。

捕鸟人看见雄孔雀漂亮

的长尾巴，也不禁感叹了一番，接着，便悄悄地从隐蔽处接近这只孔雀。而此时，雄孔雀还在怜惜顾盼自己漂亮的尾羽，根本顾不得自己即将面临的危险，也不肯展翅高飞逃离现场，于是，落入了捕鸟人撒下的罗网。

启迪

小朋友们，每个人都有自己的优点，而在展现自己优点、美的同时，也一定要虚心向上，不能骄傲自大、不思上进，引出不该发生的后果。

乱爬的螃蟹

白兔、乌龟、青蛙、螃蟹、蚂蚁等一群小动物,准备一起出去游玩。他们的目的地是前面那座美丽的花园。大嗓门青蛙高喊一声:"走!"大伙立即行动起来。青蛙边跳边喊"加油!加油!"白兔笑嘻嘻地冲在前头,乌龟使劲爬,蚂蚁拼命追赶……

"哟,你们全都往哪儿跑呀?"后面隐隐传来了叫

声。大伙一惊,扭转身向后一瞧,只见螃蟹一边喊,一边横着身子往另一个方向爬

"螃蟹大哥,方向错啦!"青蛙大声喊道,"快向我们靠拢!"

"才不是呢,"螃蟹固执地说道,"你们都弄错了,只有向我靠拢才对。"

无论大伙怎样呼唤,螃蟹只当没听见,还是横着朝他自己前进的那个方向爬去。大伙儿叹了口气,只好各赶各的路。

螃蟹见大家都不过来,独自嘟囔道:"我两眼始终盯着那座花园,绝对没错儿。他们不听我的,疏远我,冷落我,准是出于忌妒。

教会孩子辨别是非

"唉,这不是明摆着的吗,他们的手脚哪个有我的多?……"

可是,螃蟹不明白,他的手脚越多,跑得越起劲,离花园也就越远了。

后来,白兔、乌龟、青蛙、蚂蚁都陆陆续续到达了那座美丽的花园,大家都开开心心地玩了起来,而只有螃蟹还在横着爬行。他始终不知道是自己的方向错了,所以永远也不可能到达目的地了。

启迪

无论做什么事情,都必须先有一个正确的方向。如果方向错了,再好的条件,也只能是徒劳无功。小朋友,你说对吗?

爱美的小公鸡

树林里有一只小公鸡,长得真神气:戴着小红帽,穿着花衣服。他总是叫:"喔喔——看我多美丽!"

有一天早晨,小公鸡跑到了树林里,碰见啄木鸟。他说:"啄木鸟阿姨,啄木鸟阿姨,瞧我长得多美丽,喔喔——谁也比不上!"

啄木鸟摇摇头:"小公鸡不要骄傲。你到树林里走一走,看看到底谁美丽?"

小公鸡很不服气,扑扑翅膀往前走,正好看见小蜜蜂:"小蜜蜂,小蜜蜂,咱们比比谁美丽?"

小蜜蜂微微一笑说:"我忙着采蜜呢,你跟别人去比好不好?"

小公鸡脸红了,扑扑翅膀往前走,看见青蛙正在捉虫子:"小青蛙,小青蛙,咱们比比谁美丽?"

小青蛙说:"我呀,忙着捉虫呢,你跟别人去比吧!"

小公鸡扑扑翅膀,继续往前走,看见兔子正在挖地:"小兔子,小兔子,咱们比比谁美丽?"

小兔子摆手说："我正忙着种萝卜,没空儿比美。"

小公鸡生气了,扑扑翅膀往前走,不一会儿看见松鼠在树上:"小松鼠,小松鼠,咱们比比谁美丽?"

小松鼠哈哈笑着说:"我正忙着摘松果,你跑来跑去干什么呢?"

小公鸡觉得没意思了,低着头往回走,正好看见白马背着东西过来,就问:"白马哥哥,我长得这么美丽,可是怎么没有人瞧得起?"

教会孩子辨别是非

白马笑眯眯地说:"小红帽,花花衣,没有什么了不起。只有爱劳动,才是真美丽。"

小公鸡从此每天早早起床,叫醒树林里的动物们。

"喔喔——天亮了!太阳出来了!"

从此,大家都很喜欢他。小公鸡不再说:"瞧我多美丽!"可是,大家都夸他是"美丽的小公鸡"!

启迪

这个故事告诉我们,外在的美不是真正的美,只有热爱劳动、努力工作、关心他人才算是真正的美。小朋友要学习小公鸡,知错就改,做个对他人有用的好孩子。

豆豆兵去打仗

有一个长豇豆国,这里住着的全是豆豆兵。

有一天,长豇豆司令给豆豆兵们下命令:"河对面是蚕豆国,去消灭他们!别看他们个儿大,但是我们数量多。"

于是,很多小船下水了,每只小船上坐一个勇敢的豆豆兵。

小小的船在水面上晃呀晃呀,好像随时可能翻船。

此时,蚕豆国的士兵用望远镜看到了这一切。

"赶快查清他们小船的装备怎样。"蚕豆司令说。

蚕豆兵再用望远镜观察,然后,向司令报告:"看清了,他们的船很小,很不安全,好像随时可能翻船。"

蚕豆司令于是下了命令:"不知道这些豇豆兵来干什么,他们的船不行,注意救他们!"

这时候,有的豇豆船已经翻了,翻得更早的,已经开始下沉了。

就在这危急的时刻,蚕豆国开来了大轮船。这轮船是用又大又厚的蚕豆荚制造的,又坚固又威风。

蚕豆兵们把豆豆兵从水里捞了起来。

蚕豆司令问湿淋淋的豆豆兵们:"你们这么落后的豇豆小船,怎么可以在大河里开呢?都不要命了?"

是哪个不懂事的军官叫你们这么胡来的？"

豆豆兵们一个个被骂得灰头土脸的。

蚕豆司令继续说："你们到底要去哪里？我们用蚕豆荚轮船送你们去吧。"

豆豆兵们说："我们哪里也不去，我们要回家。"

豆豆兵司令混在豆豆兵中间，直到蚕豆兵把所有的豆豆兵都送回到岸上，他才敢发布新的命令："队伍解散，大家回家种地去。"

启迪

豇豆兵原本是要去攻打蚕豆兵的，结果，发现自己根本就没有这个本领，还差点儿丧了性命。而蚕豆兵对豇豆兵的宽容也足以使豇豆兵感到羞愧。小朋友，我们也要像蚕豆兵一样，学会宽厚待人呀！

教会孩子辨别是非

青菜熊和萝卜熊

有一只爱吃青菜的熊,叫青菜熊。

青菜熊的隔壁住着另外一只熊,他很爱吃萝卜,叫萝卜熊。

青菜熊很瞧不起爱吃萝卜的熊,萝卜熊呢,他也瞧不起爱吃青菜的熊。

这天,青菜熊和萝卜熊碰到一起了,他们就像往常一样,吵了起来。

青菜熊说:"当然是青菜最好吃!"

萝卜熊说:"当然是萝卜最好吃!"

接着,他们就打起来了。一直打了很久。

最后,他们两个谁也打不过谁,都累得倒在地上了。

有一天,这个地方来了一只很高大的熊。这只熊对青菜熊和萝卜熊说:"我叫土豆熊,我觉得,最好吃的应该是

土豆。从现在起,你们两个都不准吃青菜,也不准吃萝卜,只许吃土豆,明白了吗?"

土豆熊拿出很多土豆,让青菜熊和萝卜熊吃。

"世界上最好吃的就是土豆了,你们给我吃!"土豆熊说。

"咕喳咕喳……"两只熊只好吃土豆。

青菜熊和萝卜熊悄悄地说:"土豆真难吃呀!"此刻,他们是多么想念青菜和萝卜呀!

第二天早上醒来,青菜熊和萝卜熊发现,土豆熊不见了。他只在这个地方住了一个晚上,就走了。

教会孩子辨别是非

青菜熊赶紧回到家里,大口大口地吃青菜。

萝卜熊也赶紧回到家里,大口大口地吃萝卜。

从此以后,青菜熊和萝卜熊再碰到一起,就不再打架了。为什么呢?因为,谁都有自己爱吃的东西,这是土豆熊来过这里以后,他们才明白的。

启迪

青菜熊喜欢吃青菜,萝卜熊喜欢吃萝卜,真是"萝卜青菜,各有所爱"啊!所以,千万不要强迫别人变得跟自己一样,每一个人都有自己的喜好,求同存异才能团结,这才是与人交往应该保持的态度。

图书在版编目(CIP)数据

IQ·教会孩子辨别是非 / 张新欣主编. —天津：天津科学技术出版社，2012.3（2019.6重印）

（中国学生培优Q计划）

ISBN 978-7-5308-6850-8

Ⅰ.①I… Ⅱ.①张… Ⅲ.①智商-能力培养-青年读物②智商-能力培养-少年读物 Ⅳ.①B841.7-49

中国版本图书馆CIP数据核字（2012）第043272号

IQ·教会孩子辨别是非

IQ JIAOHUI HAIZI BIANBIE SHIFEI

责任编辑：郑 新

出 版：	天津出版传媒集团
	天津科学技术出版社
地 址：	天津市西康路35号
邮 编：	300051
电 话：	（022）23332674
网 址：	www.tjkjcbs.com.cn
发 行：	新华书店经销
印 刷：	三河市燕春印务有限公司

开本 700×1000mm 1/16　　印张 9　　字数 150 000

2019年6月第1版第3次印刷

定价：29.80元